はじめに

　会社には、社員が数名の零細企業から、何千・何万人もの社員が働くところまで、いろいろあります。社員数や資本金（会社の基礎となる資金）が多い会社を、ふつう大企業とよんでいます。

　日本の大企業の多くは、明治維新以降に日本が近代化していく過程や、第二次世界大戦後の復興、高度経済成長の時代などに誕生しました。ところが、近年の経済危機のなか、大企業でさえ、事業規模を縮小したり、ほかの会社と合併したりするなど、業績の維持にけん命です。いっぽうで、好調に業績をのばしている大企業もあります。

　企業の業績が好調な理由のひとつは、独創的な生産や販売のくふうがあって、会社がどんなに大きくなっても、それを確実に受けついでいることです。また、業績が好調な企業は、法律を守り、消費者ばかりでなく社員のことも大切にし、環境問題への取りくみや、地域社会への貢献もしっかりしています。さらに、人やものが国境をこえていきかう今日、グローバル化への対応（世界規模の取りくみ）にも積極的です。

　このシリーズでは、日本を代表する大企業を取りあげ、その成功の背景にある生産、販売、経営のくふうなどを見ていきます。

★

　みなさんは、将来、どんな会社で働きたいですか。

　大企業というだけでは安定しているといえない時代を生きるみなさんには、このシリーズをよく読んで、大企業であってもさまざまなくふうをしていかなければ生き残っていけないことをよく理解し、将来に役立ててほしいと願います。

　この巻では、スナック菓子のトップメーカーとして、自然の素材を丸ごと利用し、健康に役立つ食品をつくるカルビーをくわしく見ていきます。

目次

1 自然の恵みを活かす …………………………………… 4
2 菓子づくりひとすじに ………………………………… 6
3 「かっぱ」のひみつ …………………………………… 8
4 「かっぱえびせん」の誕生 …………………………… 10
5 ポテトチップス参入前夜 ……………………………… 12
6 「カルビーポテトチップス」発売！ ………………… 14
7 高品質のじゃがいもをもとめて ……………………… 16
8 シリアル事業の開始 …………………………………… 18
9 「じゃがりこ」の開発 ………………………………… 22
10 カルビーの革新 ………………………………………… 24
11 積極的な販売戦略 ……………………………………… 26
12 安全・安心・おいしい・楽しいをとどける ………… 28
13 社会とともに歩む企業として ………………………… 30

資料編❶ カルビーの実績といま ……………………… 33
資料編❷ カルビー商品の歴史 ………………………… 34
資料編❸ ポテトチップスができるまで ……………… 36

◆もっと知りたい！ 新商品の独自のくふう ………… 20

● さくいん ……………………………………………… 38

掘りだそう、自然の力。
Calbee

1 自然の恵みを活かす

「かっぱえびせん」や「ポテトチップス」、「じゃがりこ」など、大ヒット商品をもつカルビーは、スナック菓子のトップメーカー。おいしく、安全で楽しい商品をつくりだし、国内と海外へ広く展開している。

▲カルビーの代表的商品、「じゃがりこ サラダ」（左）と、「ポテトチップス うすしお味」（右）。

他社を圧倒する実績

カルビーは、スーパーやコンビニエンスストア（以下コンビニ）で売られる菓子類のなかでも、売上がはげしくあらそわれるスナック菓子[*1]の分野で、日本のトップメーカーです。1964（昭和39）年の発売以来約65億袋も売れている（2015年3月現在）、「かっぱえびせん」などの大ヒット商品をいくつももつカルビーは、はげしい販売競争のなか、2000年代（平成12年～）に入っても、売上をのばしつづけ、現在、国内では圧倒的なシェア[*2]をほこります。

[*1] 一般的に、原料にいも類やとうもろこし、豆類などの炭水化物をもちいて、食用油であげた菓子類をさす。

[*2] ある商品の販売やサービスが一定の期間や地域内で、どれくらいの割合をしめているかを示す率。

●スナック菓子市場での上位2社のシェア

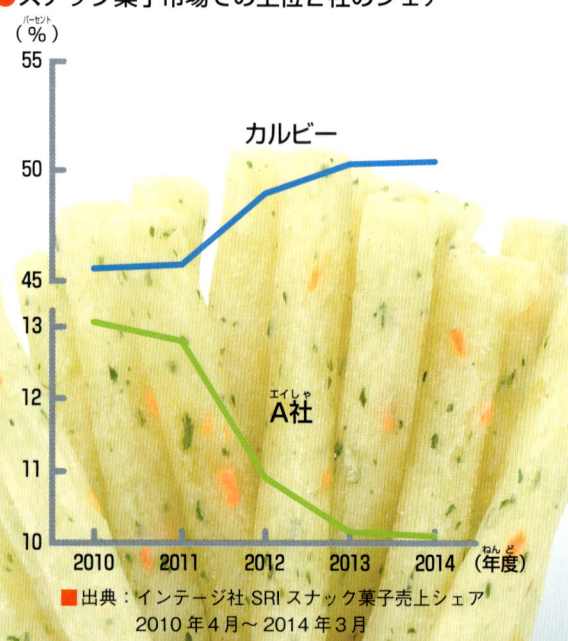

■出典：インテージ社 SRI スナック菓子売上シェア 2010年4月～2014年3月

おいしさと楽しさを創造する

カルビーが消費者に愛される製品を提供しつづけているのには、「私たちは、自然の恵みを大切に活かし、おいしさと楽しさを創造して、人々の健やかなくらしに貢献します。」という企業理念が根底にあります。

1949（昭和24）年に、「松尾糧食工業株式会社」（いまのカルビー）が発足して以来、小麦粉やじゃがいも、とうもろこしなどの自然の恵みをおいしさに結びつけるために、研究・開発をつづけてきました。

代表的な商品であるポテトチップスでは、じゃがいもの栽培や貯蔵技術の開発から製造、店頭での販売にいたるまで、全工程で品質管理を徹底しています。独自のアイデアでユニークな商品を次つぎと生みだし、安全で、おいしく、楽しい商品を消費者に提供しつづけています。

おいしさを世界じゅうの人びとへ

カルビーの海外展開は、1967（昭和42）年からはじまりました。それは、アメリカ・ニュー

見学！日本の大企業 **カルビー**

● カルビーグループの海外事業の現在

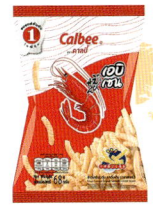

イギリス　中国　韓国　アメリカ

香港　台湾　フィリピン　スペイン　タイ　シンガポール　インドネシア

▲ タイでは、現地発の商品、スティックタイプのポテトスナック「ジャックストマトソース」（左）がベストセラー。「かっぱえびせん」（右）や「さやえんどう」なども販売している。

▲ アメリカでは、豆が主原料の「Harvest Snaps」（左）が人気。アジア系スーパーなどでは「かっぱえびせん」（右）や「ポテトチップス」も販売している。

◀ シンガポールでは、ポテトチップス（左）はもちろん、「かっぱえびせん」や「さやえんどう」（右）などはば広い品ぞろえで販売している。

▲ 台湾では2012（平成24）年から発売した「Jagabee」のシリーズが人気。「Jagabee サルサ味（カップ）」（左）と、「Jagabee うす塩味（ボックス）」（右）。

ヨークで開かれた国際菓子博覧会に出展した「かっぱえびせん」などが広く受けいれられ、アメリカ本土への輸出をはじめたことがきっかけでした。3年後の1970（昭和45）年には、アメリカ・ロサンゼルスにカルビーアメリカ社を設立しました。さらに、1980（昭和55）年にはタイにカルビータナワット社を設立して、現地生産・販売をはじめました。1990年代（平成2〜11年）には香港、中国、さらに21世紀に入ってからは、韓国、台湾、シンガポールなど、アジア地域への展開をいっそう拡大しました。また、北アメリカや、イギリスをはじめとしたヨーロッパなどに向けての、新商品の展開もはじまっています。2015（平成27）年4月現在で11の国と地域*に拠点をもち、世界の需要にこたえています。

＊アメリカ、中国、香港、韓国、タイ、台湾、フィリピン、イギリス、スペイン、シンガポール、インドネシア。

カルビー ミニ事典

社名のひみつ

1955（昭和30）年、カルシウムの「カル」とビタミンB_1の「ビー」を組みあわせた造語「カルビー」が社名となった。カルシウムはミネラル*のなかでも代表的な栄養素、ビタミンB_1はビタミンB群のなかでも中心的な栄養素。第二次世界大戦（1939〜1945年）の終戦後もつづいていた日本人の栄養不足のなかで、ビタミンB_1などが足りないことが原因とされる病気になる人が多かった。さらに、栄養学の専門家から、カルシウムをくわえればいっそう健康によいという助言もあった。健康に役立つ商品づくりをめざして「カルビー」は発展のスタート台にたった。

＊栄養素として人間の生理機能に必要な無機質。

2 菓子づくりひとすじに

カルビー創業者の松尾孝は、祖父が起業した食品事業を受けついだ。第二次世界大戦の終戦から数日前に原子爆弾が投下された広島の地で、孝は終戦後の混乱のなかから復興をめざし、菓子の製造をはじめた。

▶カルビーの創業者、松尾孝（1912〜2003年）。

祖父からはじまった

カルビーの歴史は、創業者とされる孝の祖父である松尾寿八郎が、1905（明治38）年、広島で、特産の柿をつかった「柿ようかん」の製造・販売を開始したことがはじまりとされています。これが、松尾家が食品業界に進出した第一歩でした。

▲柿ようかんは、いまでも広島の名産品となっている。

その後、飼料や工業用米ぬかなどの製造販売に転換しましたが、1928（昭和3）年に経営がうまくいかなくなったため、3年後の1931（昭和6）年、孝がわずか18歳のとき、家業たてなおしの期待を受けて、事業をつぎました。

一人・一研究

店をついだものの資金不足で、孝は、なかなか新しい取引ができずにいました。そのようななかでも孝は、取引先からしいれていた米をついたあとにのこる米ぬかや小米（くだけた米）をもとに、さまざまな利用方法を考え、米ぬかは飼料にして農家に、小米は着物用ののりにして染め物屋に販売しました。

20歳のころ孝は、ある講習会で聞いた話に感銘を受けました。講師は、「何かひとつでもいいから、人生をかけて後世にのこるような仕事をなしとげなさい」と、「一人・一研究」の考え方を教えてくれたのです。これに心を打たれた孝は、米ぬかのなかからビタミンB_1が多量にふくまれているとされる胚芽を取りだして、そこから健康食品をつくることをみずからの「一人・一研究」にしようという夢をもちました。

見学！日本の大企業 カルビー

利用されていない資源を活用する

日本が第二次世界大戦に参戦した1941（昭和16）年ごろ、孝の店の屋号は「松尾糧食工業所」といい、従業員はわずか数人でした。戦争がはげしさをまして、食料事情が悪くなってくると、米や麦などの主食のかわりに米ぬかから代用食品をつくって市民に提供し、よろこばれていました。事業が苦しいときや物不足のときに、いままでつかわれていない食糧資源を丸ごと活用して商売につなげる、という経験ができたことが、のちの経営姿勢となり、大ヒット商品「かっぱえびせん」の前身となる「かっぱあられ」を生みだすことにつながっていきます。

健康的な食料を提供したい

1945（昭和20）年8月6日に、アメリカによって人類史上初となる原子爆弾が広島に投下されました。8月15日の終戦のときには兵隊として九州にいた孝が、広島にもどると、松尾糧食工業所の工場は焼け落ちていました。ゼロから再出発することになったのです。広島の焼けあとにたった孝は、「うえた人たちに健康的な食料を提供する。それが自分の使命だ」とのつよい思いをもちました。

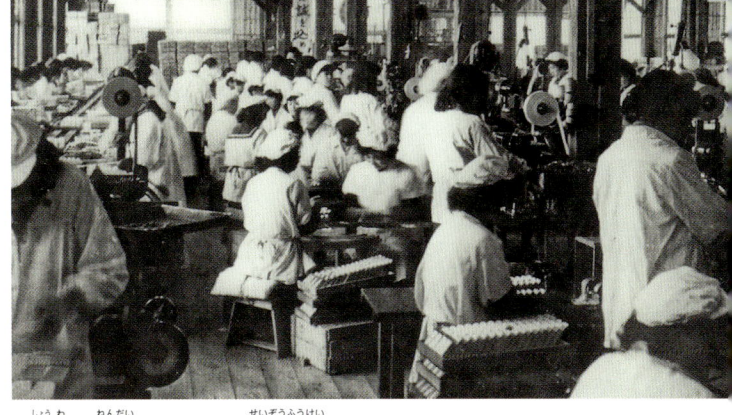

▲昭和20年代のキャラメル製造風景。

復興、そして株式会社へ

その年の10月にははやくも、再建した工場で食料品の製造を開始しました。12月には、精麦業をしていた松岡政一とともに会社をたちあげました。新会社でもはじめは米ぬかを原料とした代用食品を製造しました。代表的な商品だった「ひし形だんご」を毎日朝はやくからつくり、焼け野原となった広島の町で販売すると、行列ができるほどの評判をよびました。

戦後の混乱も少し落ちついてきた1948（昭和23）年、政府が菓子原料の統制*1をゆるめたのを受けて、孝の工場では米ぬかの代用食品からキャラメルやあめなどの商品へと製造を切りかえました。翌1949（昭和24）年4月には「松尾糧食工業株式会社*2」へと組織を変更し、これが、「カルビー株式会社」の実質的な設立となりました。

*1 経済の混乱をおさえるため、物の生産量や価格を政府が管理したこと。
*2 企業が事業の資金をえるために発行する「株券」を保有する株主から委任を受けた経営者が事業をおこない、利益を株主に配当する企業。

◀空襲の焼けあとにはえた鉄道草（ヒメムカシヨモギ）を採取して、食用に利用した。右が松尾孝。

▲カルビーキャラメルの宣伝車。

3 「かっぱ」のひみつ

戦後の混乱のなかからスタートしたカルビーは、景気のうきしずみにもまれながらも、キャラメルの人気などで社会に認められてきた。社名をカルビーとかえたころ、「かっぱあられ」という画期的な商品を登場させた。

苦難の時代

1949（昭和24）年の松尾糧食工業株式会社への組織変更の翌年に、朝鮮戦争がはじまり、日本の各産業は特需*景気でわきたちました。しかしその時期が終わると、景気のよいときのゆたかな食料事情になれた消費者は、菓子に対しても、バターやミルクをたっぷりつかったものを好むようになりました。そんな状況にあって松尾糧食工業は、事業を急速に拡張してきたことなどが原因で、会社を運営するための資金のやりくり（資金ぐり）がむずかしくなり、1953（昭和28）年には倒産の危機に追いこまれました。しかし、債権者（資金の貸主）への誠実な対応によって理解がえられた結果、翌1954（昭和29）年になって経営再建のめどがつきました。第二次世界大戦のとき以降の二度目の危機をのりこえることができたのです。

◀「カルビーキャラメル」のポスター。箱のおもてに「カルビー」の文字が見える。

▶1955（昭和30）年に発売された「かっぱあられ」。かっぱの絵も「かっぱあられ」の文字も清水崑画伯のもの。のちに発売された「かっぱえびせん」でも、「かっぱ」の文字はずっと使用されている。

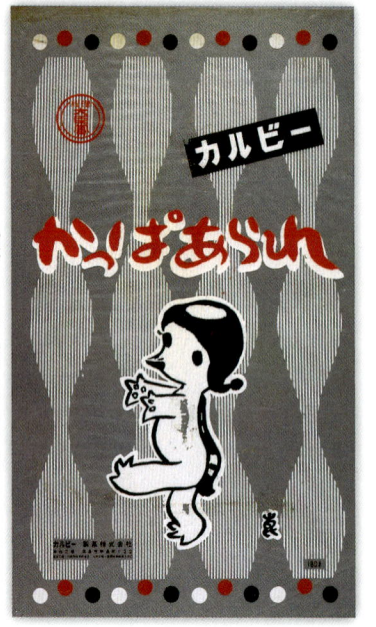

会社再建と社名変更

1954（昭和29）年はカルビーにとって記念の年となっています。この年を「会社再建完成の年」とし、それまでのカルビーキャラメルにかわるような、さまざまな製品の生産をはじめました。そして、いきすぎた事業の拡張方針を反省し、「利用されていない食糧資源を活用する」という創業の精神をかたちにしたものとして、翌1955（昭和30）年、「かっぱあられ」を生みだしました。その年には、社名を「カルビー製菓株式会社」とあらためました。松尾孝が戦前からもちつづけた、健康的な食品をつくりたいという夢をかたちにし、すでにキャラメルなどにつかっていた「カルビー」ということば（→p5）を、そのまま社名にしたものでした。

*朝鮮戦争は、第二次世界大戦後の朝鮮半島で、アメリカが占領していた南部にできた大韓民国と、ソ連（いまのロシア）が占領していた北部にできた朝鮮民主主義人民共和国とのあいだでおきた戦争。特需は、戦争のために調達した物資などの需要のこと。

「かっぱあられ」のひみつ

カルビーは「かっぱあられ」によって、経営危機をあらたな会社成長の機会へと転換することに成功しました。

「かっぱあられ」のいちばんのひみつは、本来あられの原料としてつかわれる米のかわりに、小麦粉を使用したことです。当時はまだ米は統制（→p7）品でなかなか手に入りませんでした。しかし小麦はすでに統制が解除され、アメリカから値段の安いものが大量に輸入されていました。米も小麦も成分はほとんど同じであるため、孝は、小麦粉でもあられができるのではないかと考えました。研究の結果生みだされた「かっぱあられ」は、味と品質にくわえ、米が原料のあられ製品より格段に安い価格で、人気をえました。さらに、そのころ人気漫画家だった清水崑画伯がえがく、子どものかっぱの絵をラベルに採用するなどのくふうが実を結び、売上は急上昇。その後10年にわたり、「かっぱ」シリーズの新商品を次つぎと開発・発売するなど、カルビーは「かっぱあられ」と「かっぱ」シリーズを主要商品として、着実に成長していきました。

カルビー ミニ事典

「かっぱあられ」製造の苦労

「かっぱあられ」ができあがるまでには、研究者と、現場の製造部門の担当者の多くの苦労があった。最初、あられのもととなる、小麦粉からつくった人造米はベタベタしておいしくなかったという。それをフライパンで熱すると、ふっくらとしたものができあがったが、最初はスカスカした歯ごたえだったため、研究をつづけて、最適な食感をもとめた。また、味つけにはたまご、ココア、ミルクなどを、上からかけたり、なかにねりこんでみたりした。最終的に、しょうゆをつけたものが採用された。

▲「かっぱあられ」のために清水崑画伯がえがいたかっぱの原画。

▲「かっぱ」シリーズの商品。

4 「かっぱえびせん」の誕生

「かっぱえびせん」は、1964（昭和39）年の発売以来50年間で約65億袋が生産された、定番の人気商品だ。その誕生には、ひらめきと、研究者たちの努力があった。

▶1964（昭和39）年に発売された当初の、「かっぱえびせん」。透明なふくろに、清水崑画伯の「かっぱ」の文字が印刷された。

大きな決断

「かっぱ」シリーズで成長をとげたカルビーですが、1962（昭和37）年ごろになると、会社全体の成長率がにぶくなってきました。原因は、あめ類でした。あめ類の売上は、当時、全体の6割ほどあったものの、経費が高く、利益があがっていなかったのです。あめ類には、全国規模の大手メーカーや、中小メーカーなど競争相手が多く、苦戦がつづいていました。

1965（昭和40）年、カルビーは大きな決断をします。当時、売上の割合は少なくとも利益が出ていて将来有望なあられ類だけに、事業を集中させるというものです。それは危険なかけではありましたが、消費者が本当に喜ぶ商品は何かを考えた末の決断でした。もとめられたのは、失った分の売上をおぎなえる新製品であり、その役割をはたしたのが「かっぱえびせん」でした。

新鮮な天然小エビにこだわる

「かっぱえびせん」の開発は、創業者の松尾孝のひらめきからはじまりました。

「かっぱあられ」などが市場に出まわるようになったある日、新鮮なエビが海辺でほされているのを目にしたとき、「自分の大好物のエビをあられに入れられないか」というアイデアがうかんだといいます。孝はおさないときに食べた、母がつくった川エビの天ぷらを思いだしていました。

しかし、商品開発はなかなか成功しませんでした。ゆでたエビを入れてみたり、乾燥させて粉末にしてから入れてみたりと、試作をくりかえしましたが、結果的に、生エビを丸ごとこまかくきざんで、「かっぱあられ」の生地にねりこむことにたどりつくまでに数年かかりました。エビのからを丸ごと入れることで、エビの風味がゆたかにかおり、孝がこだわってきたカルシウム入りのおやつができあがったのです。

「やめられない、とまらない」

1964（昭和39）年1月に発売を開始してから、「かっぱえびせん」はじょじょに売上をのばしていき、翌年10月には現在までつづく製造法が確立しました。その後「かっぱえびせん」の人気を決定的なものにした理由のひとつは、テレビコマーシャルでした。

1969（昭和44）年に、女の子とイヌが登場するコマーシャルでながれたキャッチフレーズ、「やめられない、とまらない」は、「かっぱえびせん」のサクサクした食感と軽い塩味、食べやすい

見学！ 日本の大企業 **カルビー**

● 「かっぱえびせん」発売前後のカルビー年間売上高のうつりかわり

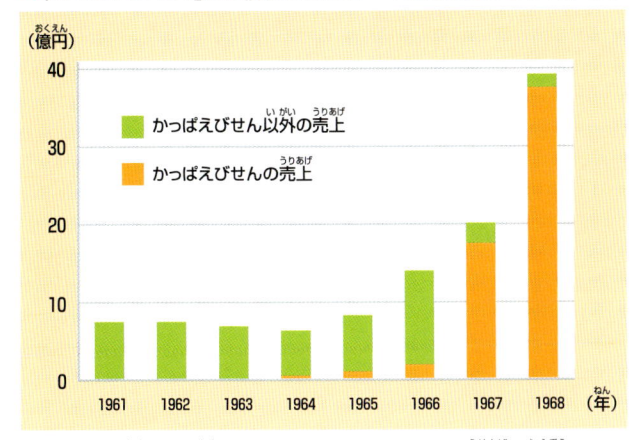

(億円)
- 40
- 30 ■かっぱえびせん以外の売上
- 20 ■かっぱえびせんの売上
- 10
- 0

1961 1962 1963 1964 1965 1966 1967 1968 (年)

▲1967（昭和42）年から、「かっぱえびせん」の売上が急増していることがわかる。

※カルビー調べ

大きさなどが、食べた人みなに共通する実感だったため、親しみやすいメロディーとともに、消費者に受けいれられ大ヒット。さらにカルビーは、その当時広がりを見せていたスーパーマーケットを中心に商品を展開し、大量販売を進めることで、「かっぱえびせん」の人気を確実なものにしました。いきおいづいたカルビーは、栃木県宇都宮市に工場をもうけて、それまでおもな市場だった関西地区だけでなく、大市場である関東への展開をはじめました。1970（昭和45）年には「かっぱえびせん」の売上は100億円をこえ、それによって、ようやくカルビーは、地方の中小企業から全国レベルの企業になることができました。

カルビー ミニ事典

「かっぱえびせん」のエビ

「かっぱえびせん」の味のきめては、エビそのものだ。つかわれるのは、アカエビ、キシエビ、ホッコクアカエビ（甘エビ）、サルエビなどの天然エビ。もっともおいしい時期に収獲したエビで、さしみでも食べられるほどの新鮮な状態のものをまぜあわせてつかっている。開発したときからかわらないこだわりだ。

① ②
③ ④

▲「かっぱえびせん」につかわれる、4種類のエビ。①アカエビ ②キシエビ ③ホッコクアカエビ（甘エビ）④サルエビ

◀現在の「かっぱえびせん」のパッケージ（左）。ご当地「かっぱえびせん」も数多くあり、それぞれの方言で「やめられない、とまらない！」のキャッチフレーズが印刷されている（中央：関西限定のたこ焼き味、右：中国・四国限定の瀬戸内レモン味）。

5 ポテトチップス参入前夜

カルビーは「かっぱえびせん」の販売に全力を集中し、国内での好調を背景に輸出もはじめた。しかし同時期に、次の主要商品となるポテトチップスに着目し、前段階としてポテト関連商品を発売するなど、研究をつづけた。

国際菓子博覧会でえたもの

カルビーは1975（昭和50）年に、のちに第2の柱となる、ポテトチップス事業に参入します。

1967（昭和42）年8月、松尾孝はアメリカ・ニューヨークで開催された国際菓子博覧会に出席しました（→p5）。そこで展示した「かっぱえびせん」が好評だったので、アメリカへの輸出もはじめましたが、エビのかおりや味がアメリカ人にはなじみがなかったなどの理由で、販売は苦戦しました。いっぽうで孝は、アメリカ滞在中に、食料品店でポテトチップスが大量に売られているのを目にしたとき、日本でポテトチップスを販売することを思いつきました。帰国後にじゃがいもの成分を調べてみると、じゃがいもには人間のからだに必要とされるビタミンCが多くふくまれることがわかりました。当時、アメリカのポテトチップス市場は日本のおよそ60倍、3000億円規模といわれていました。そのころの日本の人口はアメリカの約半分だったため、孝は「日本でもポテトチップスが1000億円売れても不思議ではない」と考えました。

▶アメリカに輸出・販売されたえびせん、「Shrimp Chips」。

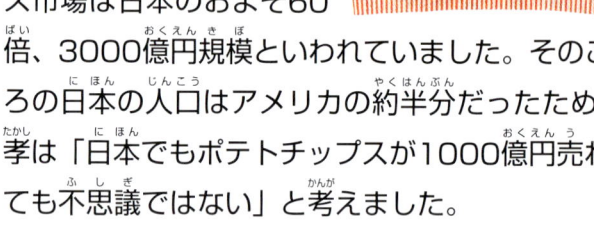

1万坪の工場用地を購入

カルビーが「かっぱえびせん」に経営を集中しているときに、孝は、小麦粉原料の「かっぱえびせん」の次は、じゃがいも原料のスナックだと心

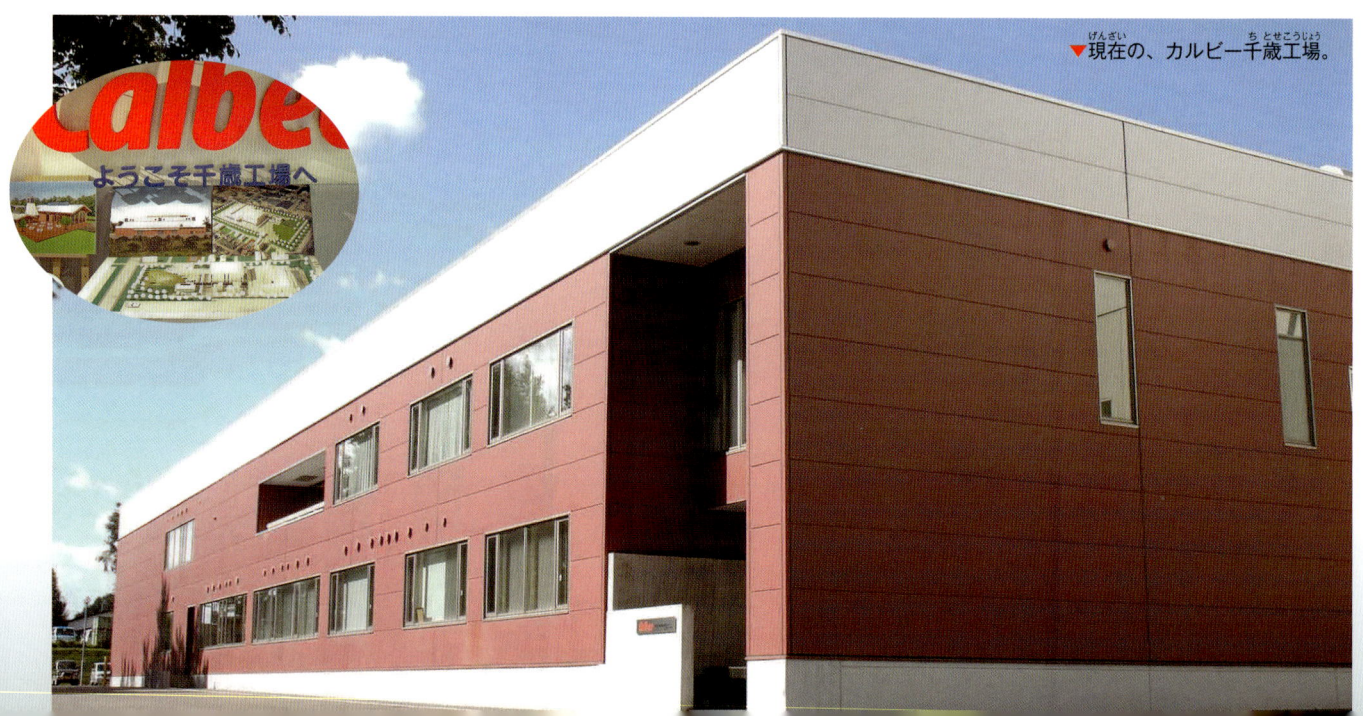

▼現在の、カルビー千歳工場。

に決め、市場に参入する機会をうかがいながら、アメリカからじゃがいもやポテトチップスについての情報を引きつづき集めていました。

1968（昭和43）年になると、カルビーは、北海道の千歳に1万坪*1の工場用地を購入しました。しかしそれは「かっぱえびせん」だけをつくるには、広すぎる土地でした。将来のポテトチップス事業参入を考えて、じゃがいもの産地である北海道に、生産地をふくむ敷地を確保したのでした。

*1 約3万3000m²。サッカー場5つほど。

じゃがいもスナックを発売

カルビーは、手はじめにじゃがいも関連の商品からはじめることにしました。それが、1971（昭和46）年12月に発売した「仮面ライダースナック」でした。

「仮面ライダー」は、まんがを原作としたヒーローものの人気テレビ番組で、現在までシリーズがつづいていますが、最初のシリーズがその年の4月にはじまっていました。その番組を提供した*2ことがきっかけでカルビーが発売した「仮面ライダースナック」は、おまけにつけた仮面ライダーカードが子どもたちに大ブームになったこともあり大ヒットしました。さらに1972（昭和47）年12月には、「仮面ライダースナック」で使用したアメリカ産のマッシュポテト*3ではなく、生の

*2 番組の制作費を出すこと。
*3 じゃがいもをゆでて、うらごし、乾燥したもの。

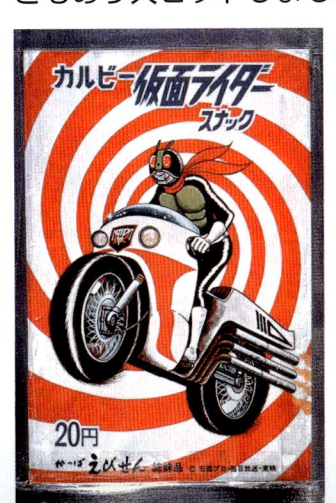

◀「仮面ライダースナック」のパッケージ。
©石森プロ・東映

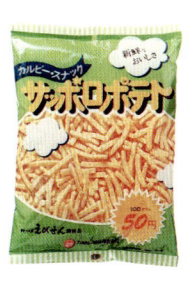

▶発売当時の「サッポロポテト バーベQあじ」（左）と「サッポロポテト」（右）。

じゃがいもを原料につかった「サッポロポテト」を発売します。その2年後には「サッポロポテト バーベQあじ」も発売。数年後には、このふたつの商品だけで100億円近くの売上になりました。

カルビー ミニ事典

ポテトチップスのルーツ

アメリカでポテトチップスが誕生したのは、日本が江戸時代だった1853年ごろだといわれている。ニューヨークのレストランで、料理のつけあわせのフライドポテト（じゃがいもを切って油であげたもの）が厚すぎると苦情を受けたコック長が、フォークでさせないほどじゃがいもをうすく切ってあげたところ、客はとてもよろこんだという。それ以降、店の名物になったポテトチップスは、その地方の名物となっていった。アメリカで孝がポテトチップスの発売をひらめいたのも、まさにニューヨークだった。

▲ポテトチップスの発祥とされるレストランの名まえがついた、「サラトガチップス」。

6 「カルビーポテトチップス」発売！

数年間あたためてきた計画を実行にうつし、カルビーは、ポテトチップスの製造・販売にふみきった。

1年目の苦戦

　カルビーがポテトチップス事業に参入する直接のきっかけとなったのは、1975（昭和50）年5月、北海道東部の知床半島にほど近い小清水町に工場をもつある会社を引きついだことでした。そこでは、シューストリング（細長いたんざく状）タイプのポテトスナックが生産されていました。さらに同年11月には、同じ会社から茨城県下妻市にあった工場も引きうけて、生産をはじめました。

　ところが、ポテトチップスの1年目の売上は、期待どおりにはのびず、北海道から関東、大阪、名古屋の順に発売エリアを広げても、まったく売れないといってもよいほどの不振でした。そこでカルビーは作戦をたてなおし、商品の鮮度をたもつことと、「かっぱえびせん」同様に、テレビコマーシャルで消費者にうったえることを決めました。

▼北海道斜里郡小清水町に広がるカルビーのじゃがいも畑。

鮮度をたもった販売方法へ

　のちに第3代の社長になる松尾孝の三男、雅彦（→p24）はアメリカで、スナック事業での鮮度の重要さを学びました。1967（昭和42）年に雅彦がアメリカで市場開拓をおこなおうとしたとき、大手のスナックメーカー会社の社長から、「スナックはつくってから日にちがたつと油がいたんで香ばしさがなくなる。きょうつくったものを明日売ることが理想だ」と、鮮度の重要性を教えられました。「カルビーポテトチップス」が発売当時にほとんど売れなかったとき、雅彦たちはこの教えを思いだしました。

　担当者が小売店をまわってみると、たなでほこりをかぶっている「カルビーポテトチップス」がありました。先にしいれた商品から順に売っていくことがうまくなされていなかったのです。そこでカルビーは、大量配送方式から小口配送へ切りかえて、店頭での商品鮮度を基本とした売り方に転換し、鮮度が悪くならないうちに店頭の商品を売りきることをめざしました。この販売方法は、「鮮度政策」としてこののち受けつがれていきます。また、日本の菓子業界ではじめて、商品のパッケージに製造年月日の印字もはじめました（1973年）。

見学！日本の大企業 カルビー

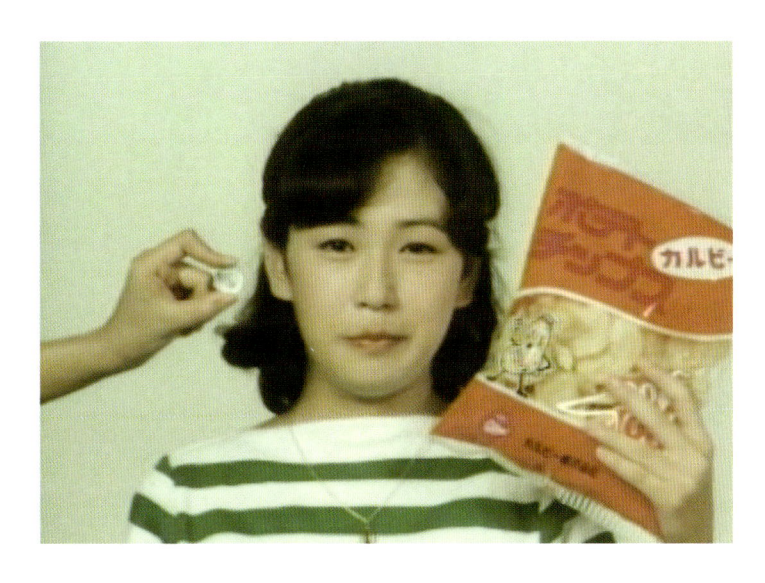

▲▼ユニークなセリフのコマーシャルが、大ヒットした（左）。当時人気だったアイドルにふんした作品（上）も話題になった。

テレビコマーシャルが大ヒット

ポテトチップス販売促進の決定打は、「かっぱえびせん」と同じく、テレビコマーシャルでした。

販売をはじめて1年後の1976（昭和51）年秋、消費者の印象にのこるテレビコマーシャルが登場しました。当時まだ無名の女優だった藤谷美和子さんによる、意表をついたメッセージが人びとをおどろかせたのです。「100円で『カルビーポテトチップス』は買えますが、ポテトチップスで100円は買えません。あしからず」。先に発売されていたライバル会社の商品が150円で売られていたところを、100円という低価格で勝負することをうったえたものでした。本来の品質のよさにくわえ、流行語となったこのメッセージのおかげで、「カルビーポテトチップス」の知名度は一気に高まり、売上もぐんぐんのびていきました。

製造時間が大はばに短縮される

北海道と茨城県の工場で生産をはじめたポテトチップスでしたが、はじめは以前から使用しているシューストリングタイプのポテトスナックの生産工程を流用してポテトチップスを製造したため、現場では苦労の連続でした。それでも従業員には、新しいことに取りくんでいるという意気ごみと情熱がありました。

1976（昭和51）年5月には栃木県にポテトチップス専用の工場が完成。そこは、それまでのスナック菓子にくらべて、原料から製品にいたるまでの時間が840分の1に短縮されるという、画期的な工場でした。同じ年の11月には滋賀県に滋賀工場が完成。それまで社内売上No.1だった「かっぱえびせん」をしのぐ商品に成長し、カルビーが日本一のポテトチップスメーカーとなったのはこのころでした。1975（昭和50）年には鹿児島県・鹿児島工場、1978（昭和53）年には北海道・千歳工場など、全国6か所の工場で「カルビーポテトチップス」の生産がはじまりました。

▲1975（昭和50）年発売の「カルビーポテトチップス」（左）と、翌年発売の「カルビーポテトチップス のり塩」（右）。

7 高品質のじゃがいもをもとめて

じゃがいもにこだわるカルビーは、専門の子会社をもうけ、生産と貯蔵にくふうをくわえて、高品質のじゃがいもを確保した。

じゃがいもの品質管理

家庭ではじゃがいもの大きさや種類がばらばらでもとくに問題がありませんが、ポテトチップスを製造する工場では大量のじゃがいもを一定の温度の油であげるために、品質をそろえなければなりません。そのためには、じゃがいもの発芽から収穫までの全工程を一括管理することや、じゃがいもをあげたときの色あいをそろえるための品種改良も必要です。カルビーがおこなったことも、まさに、畑にうえるときから収穫・貯蔵にいたるまで、原料の生産を丸ごと管理しようとすることでした。

カルビーポテト株式会社の設立

カルビーでは「サッポロポテト」(→p13)がヒットして以降、北海道内に貯蔵庫を建設したり、原料事業部門をもうけたりするなどして、じゃがいも事業の体制をととのえていきました。そして「カルビーポテトチップス」の大ヒットが、原料事業部門の業務をさらに拡大させました。

◀カルビーポテト株式会社のシンボルマーク。自然と人間、生産者と企業から消費者など、さまざまなコミュニケーションの輪を象徴している。

1980（昭和55）年には原料事業部門を独立させ、畑から貯蔵まで一貫してじゃがいもを管理する子会社として、「カルビーポテト株式会社」を北海道に設立しました。その業務の一部として、1984（昭和59）年に、世界初のじゃがいも運搬船「カルビーポテト丸」を就航させました（現在は運航を終了している）。カルビーポテト丸は、船内の温度と湿度を管理し、トラックなどより格段に安いコストでじゃがいもを大量に運搬できるようになりました。カルビーポテト株式会社は農家と一体となって、現在もじゃがいもの品種改良や、北海道の食糧資源を有効に活用するための活動をおこなっています。

じゃがいもの生産と貯蔵のひみつ

カルビーポテト株式会社では、高い品質のポテトチップスを一年じゅう安定して消費者にとどけるために、日本全国6か所の工場をフルに回転し

▼「カルビーポテト丸」は1984（昭和59）年から2013（平成25）年まで、じゃがいもを運搬した。

見学！ 日本の大企業 **カルビー**

北海道・道南地区（8月〜4月）

生産組合	栽培面積	生産量	品種
JA伊達市	41.2ha	1273t	ワセシロ・トヨシロ
JA函館市亀田	97.2ha	3213t	ワセシロ・トヨシロ・男爵・その他
JA新はこだて（上磯）	37.1ha	979t	ワセシロ・トヨシロ・男爵
JA新はこだて（函館市）	20.3ha	575t	ワセシロ・トヨシロ
その他	24.4ha	698t	ワセシロ・トヨシロ

🌱：カルビーの契約農家がいる地区

▲カルビーポテト株式会社では、産地別のさまざまな種類のじゃがいもを、季節に応じて供給している。この地図は一例として、北海道・道南地区のじゃがいもが、全国6か所の工場に送られてポテトチップスになることを示している。

て、全国にわたるじゃがいも生産貯蔵体制をととのえています。5〜7月までの3か月間は、九州や本州で収穫されたじゃがいもが、全国各地の工場へ供給されます。国内の総生産量の7割以上をしめる北海道産のじゃがいもは秋に収穫され、九州で収穫作業がはじまる5月までのあいだ貯蔵庫で保管され、それぞれの産地の指定工場に送られてポテトチップスとなります。

じゃがいもの貯蔵管理には、芽が出ることなどの品質の低下をふせぐことが重要です。2002（平成14）年ごろ、春先に出荷されたカルビーのポテトチップスに芽がまじっているというクレームがありました。これは、発芽をおさえる薬をつかわないためにおきてしまいました。カルビーポテト株式会社はそのかわり、再発防止の方法として、4〜5℃以下の気温ではじゃがいもは発芽しないという性質を利用した、低温貯蔵をおこないました。ところがじゃがいもには、低温で保存するとデンプンが糖分にかわって糖度がますという

性質があり、その糖は高温であげるとこげやすいため、今度は、ポテトチップスが黒っぽいとのクレームがありました。何回も試験をくりかえして採用したのが、低温貯蔵しておいたじゃがいもの状態を元にもどす方法です。ポテトチップスに加工する2週間〜10日前に常温において、それからあげるようにしたのです。一定期間常温におくことで、低温貯蔵でましていたじゃがいもの糖分が、じょじょにデンプンにもどっていくのです。このくふうによって、カルビーのポテトチップスの評価はさらに高まりました。

カルビー ミニ事典

フィールドマンの活躍

カルビーポテト株式会社には、全国18か所（2014年7月現在）に35人を数える、フィールドマンとよばれる技術者がいる。フィールドマンの仕事をひとことでいえば、じゃがいも生産者と工場とのなかだち役。畑に出むいて、生産者とのコミュニケーションをとりながら、以下のようなさまざまな業務をおこなう。

● 生産者の栽培に関する調査・アドバイス・情報交換
● 生産者との取引業務
● じゃがいもの集荷・出荷
● じゃがいもの貯蔵管理

フィールドマンは生産者と一体となって、高品質のじゃがいもをつくることを目標に活躍している。

▶契約農家の畑で、さまざまな調査をおこなうフィールドマン。

17

8 シリアル事業の開始

「かっぱえびせん」、「ポテトチップス」につづき、カルビーの柱となったのが、シリアル*1食品。それは、自然の素材を丸ごと利用し、健康に役立つ食品をつくるという、創業の精神を受けついだものだった。

シリアル食品に着目

1986（昭和61）年、「カルビーポテトチップス」の発売から10年を経過したころ、カルビーは創業以来最高の売上（年間約800億円）と利益をえることができました。しかしそのころ健康食品のブームがおきはじめ、スナック菓子にふくまれる塩分や油分がからだに悪影響をあたえ、肥満などの原因となっているのではないかと指摘されはじめました。そこでカルビーが着目したのは、欧米で健康食品として定着していながら、日本ではあまり浸透していなかったシリアル食品でした。

カルビーのシリアル食品との最初の出あいは、1970年代（昭和45年〜）のはじめに、アメリカでポテトチップスの市場調査をおこなったときのことでした。アメリカでは当時からシリアル食品がスーパーで大量に販売され、家庭の主食となっていました。それに着目したカルビーは、1980年代になって原料や製造法などの情報を集め、研究ののちに試作品もつくりました。それが、1988（昭和63）年の発売に結びつきます。

シリアル食品のテスト販売

「コーンフレーク」*2と、穀物やそのほかさまざまな具材が入った「グラノーラ」*3という2種類のシリアルを開発したカルビーは、1988（昭和63）年、名古屋を中心とした地域でテスト販売しました。まだ国内に生産工場をもっていなかったため、海外から製品を輸入し、国内でパックづめして販売する方法をとりました。「コーンフレーク」は、アメリカの大手シリアル食品メーカーの主要な商品でしたが、カルビーは製造法を

▼アメリカのスーパーで、さまざまな種類のシリアルが販売されているようす。

*1 元来は穀物・穀類という意味だが、コーンフレークやオートミールなど、穀類を加工してビタミンなどをくわえて乾燥させた食品をさす。
*2 とうもろこしのひき割り（実をあらくくだいたもの）を蒸気で加熱し、うすくおしつぶして乾燥させた食品。多くは牛乳などをかけて食べる。
*3 麦や、玄米、とうもろこしなどの穀物の加工品と、ココナッツ、ナッツ類などを植物油とまぜて焼いたもの。ドライフルーツ（乾燥させたくだもの）がまぜられることも多い。

◀カルビーの「フルグラ」。

▼コーンフレーク。

見学！日本の大企業 カルビー

▲1988（昭和63）年に発売された、「グラノーラ」（左）と、「コーンフレーク」（右）。

くふうし、とうもろこしの実を4つ割りにしたものを材料とすることで、独自の食感を追いもとめました。「グラノーラ」は当時大手メーカーでは取りあつかっていなかった商品でした。その後カルビーは、とくに「グラノーラ」によって、シリアル食品業界で独自の地位を確立していきます。

主要商品に成長

「かっぱえびせん」（→p10）では、小麦粉製のあられに小エビを丸ごとねりこんで利用し、「ポテトチップス」ではじゃがいもを丸ごと利用しました。それと同じように、シリアル食品も、小麦や大麦、とうもろこしなどの穀類を主原料とした加工食品であり、創業以来の、「食糧資源を丸ごと活用して健康食品をつくる」という精神がつらぬかれていました。開発や品質管理から販売までのすべてを一貫してあつかうことを得意としてきたカルビーは、シリアル食品をつうじて日本でのシリアルの可能性を引きだす決意を明らかにしました。

首都圏から全国へ

日本におけるシリアル食品（とくに「コーンフレーク」）の売上は、1963（昭和38）年に登場して以降、はたらく女性がふえてきたことや健康食品ブームなどの影響で、1980年代なかば（昭和60年前後）から急速にのびていました。市場のなかでは、アメリカの大手メーカーが大きなシェアをもっていたため、新しく参入した業者として成功するには、ほかのメーカーとはちがった特長をアピールすることが必要でした。そこでカルビーでは、日本人の味覚にあうように配合と製法に独自のくふうをほどこし、テレビコマーシャルをはじめとした宣伝・広告、また数百万袋におよぶ試食品をくばるなど、徹底的な販売促進活動をおこないました。

1988（昭和63）年からのテスト販売の経験をもとに、カルビーは、翌1989（平成元）年4月から、首都圏と中部地区全体に販売を拡大しました。7月には、シリアル食品の専門工場として、栃木県・宇都宮に約3000m²の規模の清原工場を操業させ、全国販売へとふみだしました。その後、平成の時代に入って健康食品への注目度がさらに高まり、食事のかたちの多様化が進むなかで、カルビーのシリアル食品は、現在まで売上をのばしつづけています。

▲最新のカルビー「フルグラ」380g（左）と、コーンフレークの「マイ朝フレーク プレーンタイプ」220g（右）。

もっと知りたい！
新商品の独自のくふう

健康な食品をつくりつづけるカルビーでは、それぞれの商品におしさのひみつがあります。そのいくつかを見てみましょう。

「フルグラ」

子どもたちだけでなく、仕事で活躍する女性たちの朝食にもシリアル食品を利用してもらいたい、との思いから1991（平成3）年に生まれたのが「フルーツグラノーラ」（「フルグラ*1」）。「フルグラ」は、食物繊維*2や鉄分などをバランスよくとることができると、とくに女性によろこばれました。発売年の秋には、はやくも、カルビーの全シリアル食品の売上の半分を「フルグラ」がしめるようになりました。

「フルグラ」の製法は、オーツ麦、ライ麦、玄米、アーモンド、ココナッツなどの原料をこまかくしてからシロップをまぜあわせ、香ばしく焼きあげたのちにくだいて、いちご、りんご、パパイヤ、レーズンなどのドライフルーツと、かぼちゃの種などをくわえます。原料となる素材には徹底的にこだわり、コーンやレーズン、アーモンドなどはアメリカ、かぼちゃの種は中国、パパイヤはタイなど、世界じゅうから集めた高品質の原料をつかっています。

*1 2011（平成23）年から、「フルグラ」が商品名になった。
*2 人間の体内で、消化酵素では消化されない、食品中の成分の総称。便秘の改善などの効果が注目されている。

▶1991（平成3）年発売の、「フルーツグラノーラ」。

「堅あげポテト」

「堅あげポテト」は、1993（平成5）年に発売されたポテトチップスの商品です。発売以来、何度か改良がかさねられましたが、カリカリしたかための食感と、手づくりしたようなおいしさという特長はかわっていません。かめばかむほどじゃがいもの味わいを楽しめるという評判のひみつは、「直火釜あげ製法」。それは、19世紀なかばにアメリカでポテトチップスが生まれた（→p13）ころ、スライスしたじゃがいもを1枚ずつていねいに釜であげたというこだわりの製造法を受けついだものです。いまでは、地域限定や期間限定の商品も展開して、いろいろな味を楽しめるようになっています。

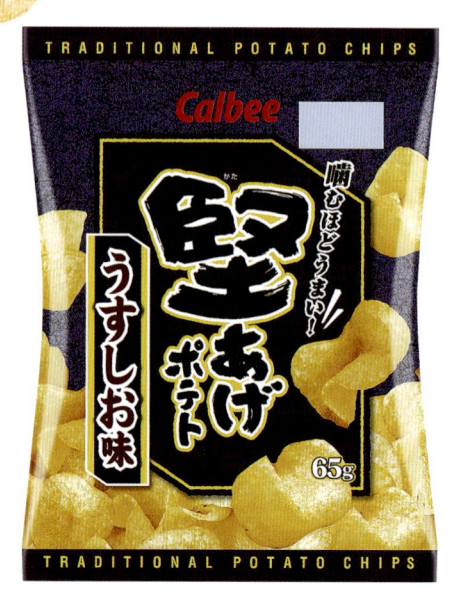

▲最新の「堅あげポテト」で、代表的な「うすしお味」。

「Jagabee」

　「Jagabee」は、2006（平成18）年4月から全国発売された、じゃがいもを原料としたスナック商品です。特長は、皮つきのじゃがいもをそのまま、角型にカットして油であげたことで、じゃがいものホクホク感をのこしたことです。

　じつはカルビーには、「Jagabee」以前に、2003（平成15）年に発売の「じゃがポックル」という、北海道産のじゃがいもを使用した北海道地域限定の商品がありました。「Jagabee」は「じゃがポックル」の評判をもとに、全国展開をめざす商品として開発されました。さまざまな味のラインアップは、日本だけでなく、中国、韓国、台湾、シンガポールなど、アジアの各国と地域で高い人気をほこっています。

▲「Jagabee うす塩味」のカップタイプ（左）と、Boxタイプ（右）。

「ベジップス」

　21世紀に入ったころ、カルビーは、さらなる拡大が見こめなくなっていたスナック市場をうちやぶる商品として、じゃがいも以外の野菜をつかったスナックを手がけました。

　商品開発は2005（平成17）年にはじまりました。それまでの野菜をあげたチップスは、砂糖に漬けてあまみを出しているものがほとんどでした。しかしカルビーでは、油であげて塩をふるだけの「素あげ」によって、野菜のあまみが味わえるような製品をめざしました。そのため、理想の品質をもったたまねぎの品種を4年かけてさがし、原産地に近いといわれる中国の農家から購入したり、かぼちゃやさつまいもなどは、油であげても自然のあまみがそのままのこるような品質の原料を徹底的にさがしたりしました。

　2009（平成21）年にテスト販売をはじめましたが、最初の年の売上は2000万円ほど。しかし、翌年にテレビ番組で取りあげられたことをきっかけに、大ヒットとなりました。2012（平成24）年10月から全国発売した「ベジップス」シリーズは、素材そのままの味と健康的なイメージが、とくに野菜をよく食べ健康を意識する40代以上の女性を中心に評判をよびました。一部地域で販売中止になるほど売れ、翌年には年間売上約32億円のヒット商品となりました。

ここだけ使用

▲たまねぎ1個（約200g）のうちでつかえるのは、内側のちょうどいいあまさのある8gほど。ほかは、水分がぬけにくかったり、からみがつよすぎたり、こげやすかったりしてつかえない。

▲（左から）「ベジップス 玉ねぎ かぼちゃ じゃがいも」、「ベジップス さつまいもとかぼちゃ」、「ベジップス さといも にんじん ごぼう」。

9 「じゃがりこ」の開発

ほぼ10年おきに新しい商品を開発・発売してきたカルビー。コーンフレークとグラノーラのシリアル商品を発売してからおよそ10年後、1990年代にカルビーが勝負をかけた新商品は、「じゃがりこ」だった。

▶「じゃがりこ」は、1995（平成7）年からテスト販売され、1997（平成9）年から全国発売された。

新しい商品をもとめて

バブル経済*が終わる直前とされる、1980年代の後半から1990年代はじめの時期（昭和〜平成）はまた、コンビニが全国にどんどん拡大していった時期でもありました。そのコンビニをよく利用する若い人たちをねらった、スナック菓子のさまざまな新商品が各社から発売されました。

いっぽうカルビーでは、1988（昭和63）年からはじめたシリアルの事業に期待ほどののびが見られず、次の10年を見すえて、新しい事業の展開がもとめられていました。

*世の中に出まわるお金が土地や株式投資などにまわされることで、景気が実体以上に、あわ（バブル）のようにふくらむ経済の状態。日本では1980年代の後半に、土地の価格や株価が高騰したり、高額な商品が多く売れたりした。

イギリスのじゃがいも

1991（平成3）年、ひとりのイギリス人研究者が、新しい技術をもってカルビーをたずねてきました。それは、アメリカ産のじゃがいもからつくられるフライドポテトと競争できるものを、イギリス産のじゃがいもを利用してつ

◀ハンバーガー店などで人気の、フライドポテト。

▼カルビーの「じゃがりこ」。

くろうというものでした。それまでイギリス産のじゃがいもは、アメリカ産とくらべてつぶが小さい種類だったため、じゃがいもをそのままカットしてつくられることが多いフライドポテトの原料としては、競争力がなかったのです。彼の技術は、成型タイプ、すなわちじゃがいもを一度つぶしてから角型にかためるもので、それまでビジネスとして成功した例はほとんどありませんでした。カルビーではこの技術に商品化の可能性を認め、もともともっていた製造技術と組みあわせて、新しいスナックの開発に結びつけました。それが、「じゃがりこ」でした。

カップ型の包装容器

「じゃがりこ」の商品化にはポイントがふたつありました。そのひとつが、容器をカップ型にしたこと。最初に「じゃがスティック」と名づけた商品は、細長い角型のポテトでした。いくつかのコンビニでテスト販売したところ、消費者には好評でしたが、量産体制の許可がなかなか出ませんでした。その理由は、他社の人気チョコスナック商品と同じような箱型のパッケージに細長い角型スティックを入れると、製造の途中で半分ほどもおれてしまうことでした。そこで逆転の発想から、はじめから半分の長さにすることが提案され、さらに容器をカップ型にすることが決まりま

見学！日本の大企業 カルビー

▲「じゃがスティック」（左）の箱型から、「じゃがりこ」（右）のカップ型に容器をかえた。2009（平成21）年には、環境への配慮から、内容量はかえずに、容器の高さを1cmちぢめて紙とアルミの使用量を8％削減した。

した。新しい容器は、販売のターゲットとした女子高校生がもち運ぶのに便利なことや、自動車のなかのカップホルダーにおさまることなどを利点として宣伝しました。結果的にこの容器のかたちが、スティックがおれるのをふせぎ、大ヒットのひとつの要因となりました。

商品名とキャラクター

商品のかたちと容器が変更されたのにともなって、「じゃがスティック」という商品名も変更することになりました。新しい商品名をいくつも考えた末に決まったのが、「じゃがりこ」。「りこ」は、試作品をおいしそうに食べてくれた、開発担当者の友人の名まえ「りかこ」から連想したといいます。また発売以来、「じゃがりこ」シリーズの容器には、マスコットキャラクターのキリンがえがかれていて、「食べだしたらキリンがない。」という楽しいセリフがそえられています。これは、「やめられない、とまらない」で有名なロングセラー商品の「かっぱえびせん」のように、「じゃがりこ」も消費者に長く親しんでもらいたいとの願いがこめられているといいます。

▶「じゃがりこ」のマスコットキャラクターのキリン。

食べだしたらキリンがない。

カルビー ミニ事典

「じゃがりこ」のバーコード*1

「じゃがりこ」は、パッケージにも楽しい要素がたくさんある。そのひとつが、バーコード。数多くの種類があるデザインバーコード®*2は、マスコットキャラクターのキリンと組みあわされて、「じゃがりこ」をいっそう身近なものにしている。

*1 数字、文字、記号などを太さのちがう線を組みあわせた、しま模様のコードに変換して、レジスターなどの機械で読みとれるようにした符合。
*2「デザインバーコード®」は、デザインバーコード株式会社の登録商標。

イモコン貸して。
やだ。

4901330573997

◀「じゃがりこ たらこバター」のバーコードのひとつ。テレビを見ながら「じゃがりこ」を食べるキリンが、ダジャレをいっている。

● ご当地「じゃがりこ」の分布図

▼「じゃがりこ」には、「関西 たこ焼き味」のように、地方の名物にあわせたおみやげ用のラインアップがある。

東北
信州
東京
瀬戸内海
日本海
関西
九州
東海

23

10 カルビーの革新

バブル後の時代、売上がのびなくなった時期に、カルビーは新時代を見すえて大胆な経営の革新をおこなった。新商品の開発とともに、改革5か年計画の柱としたのは、海外での生産事業開始と、営業方針の転換だった。

低成長の時代に

松尾雅彦が第3代社長になった1992（平成4）年ごろの日本は、バブル経済が終わり（→p22）、経済の低成長がはじまった時期とされます。カルビーでも、「じゃがりこ」を全国発売する（→p22）まで、会社の売上がなかなかのびない状態がつづきました。そんななかカルビーでは、近づく21世紀に向けた新しい発展の道すじをさぐるため、5か年計画をたて、経営の革新をめざした活動をはじめました。いくつかの活動の柱のなかでとくに強調されたのは、のちに「じゃがりこ」の発売に結びつく新商品の開発と、海外への展開、そして販売をになう営業方針を転換することでした。

円高のなか、海外での生産へ

日本の通貨である円が変動相場制*1にうつった1971（昭和46）年以降、じょじょに円高*2が進み、1995（平成7）年には1ドルが79円台までになりました。

すでに海外にいくつかの販売拠点をもうけていたカルビーも、円高によって原料の価格があがったうえに、海外での販売価格も上昇したことによって、売れゆきが悪くなり苦しい状況におちいっていました。そこで雅彦は、巨大なマーケットとして大きな可能性をもつ、中国に生産拠点を確立し、現地生産・販売することで、コストを削減することをめざしました。工場の立地として最初に検討されたのは、中国国内への配送も、原料の輸入も容易だった香港でした。

▲カルビー第3代社長、松尾雅彦（任期：1992～2005年）。

●青島、香港、韓国で展開する現在のカルビー商品

▲大市場である中国で、2013（平成25）年から販売を開始した製品のラインアップ。「えびせんうす塩味」（左）、「えびせんロブスター味」（中央）、「Jagabeeうす塩味」（右）。

▲香港では「ポテトチップス熱浪」（中央）がベストセラー。また「Jagabee うす塩味」（左）や「かっぱえびせん」（右）など数多くの商品を製造、販売している。

*1 外国為替（二国間の通貨の交換）の取引でさだまった価格を設定せず、為替市場の需要供給にまかせて自由に変動させる制度。1971年以前は、円は1ドルに対し360円という固定相場制だった。
*2 外国の通貨に対して円の価値が高まる状態。1970年代だけでも、円高によって円の価値はそれまでとくらべて2倍以上になった。たとえば1ドル＝200円が1ドル＝100円になると、200円の日本製品を買うのに2ドル必要になるなど価格があがるため、外国で日本製品が売れなくなることが多い。

見学！日本の大企業 カルビー

1994（平成6）年に香港に工場を建設したのち、1996（平成8）年、今度は青島に工場を建設しました。青島工場は、韓国のスナックメーカーが日本進出を考えているという情報があったため、そのメーカーをけん制するねらいで、香港よりさらに韓国に近い地点に建設したものでした。

営業の質の向上とゾーンセールス

1980年代なかば（昭和60年前後）から、カルビーでは工場での品質向上運動がはじまっていましたが、90年代の5か年計画には、さらに、営業（販売）の質を向上させることがふくまれました。

カルビーでは、新製品を発売するときに、多くはテレビコマーシャルを利用して宣伝・広告してきましたが、調査の結果、テレビコマーシャルがながれているころでも新製品は小売店全体の約7割にしかおかれておらず、さらにそのうちで新製品がならぶのに4〜5週間もかかっている店も半分以上あることがわかりました。そのうえ、受けた注文が何日も処理されていないといった例もあり、受注生産（注文を受けてから生産する）を基本とした鮮度政策（→p14）も、適切に実行されていませんでした。

この問題を解決するためにおこなった対策のひとつが、ゾーン*1セールスの徹底的な店舗フォロー*2です。ゾーンセールスとは、熟練した営業担当者が、担当するスーパーやコンビニなどで販売した後のアフターサービスをおこなうことです。たとえば、製造年月日がはやいものから順に売れるようにならびかえたり、販売促進用のパネルなどをつくって小売店に提供したり、店の立地や顧客状況にあわせた商品のならべ方を提案したりします。ゾーンセールスという名称や制度は2011（平成23）年に廃止されましたが、各小売店の特徴にあわせたきめ細やかな営業をおこなう精神は、いまも受けつがれています。

▲売り場の管理をする、カルビーの営業担当者。

*1 区域、区画などの意味。
*2 フォローとは、ここでは、おぎなったり助けたりすること。

▼韓国では、「ポテトチップス うすしお味」（中央）、「ポテトチップス オニオン味」（右）などを韓国語にかえて製造・販売。2008（平成20）年発売の「ピザポテト」（左）が人気商品。

▼スーパーで販売される大量の商品。

11 積極的な販売戦略

カルビーでは近年、さらなる販売拡大をめざして、好調な業績を背景に海外事業を本格化させる、グローバルなファンづくりを目的として国内各地でアンテナショップをたちあげるなど、より積極的な販売戦略をはじめている。

本格的に海外事業にいどむ

カルビーでは、1967（昭和42）年に「かっぱえびせん」の輸出をはじめて（→p5）以来、海外事業を継続してきましたが、それでも、2013（平成25）年の段階で全体売上の海外比率はおよそ5％程度にとどまっていました。その理由に、「かっぱえびせん」などの新商品が年代ごとに大ヒットし、創業当時から国内事業だけで堅実に成長してきたため、海外事業に力を入れるきっかけがなかったという事情がありました。しかし、2009（平成21）年に経営体制を一新したことを背景に、本格的に海外進出を進めることになりました。

これまで北米・中国・東南アジアなどで、現地の有力企業と提携してきた体制をさらに強化するいっぽう、今後はヨーロッパなど新しい地域へも事業の展開を考えています。目標は、2020年に売上の海外比率を30％、金額にして1500億円としています。これは、会社をもうひとつつくるほどの大きな目標となりますが、商品の品質に絶対の自信をもつカルビーでは、じゅうぶんに到達が可能だとしています。

海外での商品展開のくふう

海外での商品展開は、「かっぱえびせん」などの日本オリジナル商品のラベルをかえて販売するケースと、地元の人びとの好みなどをくわえた独自商品を現地で開発するケースとがあります。

オリジナル商品のなかで人気となっているもののひとつが、「Jagabee」。サクサクとした食感で、日本でも人気の高い商品ですが、台湾では2012（平成24）年12月に現地生産・販売を開始して以来、計画を大きく上まわるほどの売上となっています。その理由のひとつは、日本に好印象をもつ人たちが多いとされる台湾で、アメリカのメーカーのポテトチップスでなく、日本のメーカーの菓子として認められたことでした。翌年4月にははやくも、台湾のコンビニチェーンのひとつで、ポテトスナックの売上1位になりました。現地の環境や人びとの好みを研究した結果の成功でした。

▼▶「Harvest Snaps」（右）などの、日本の「さやえんどう」がもとになった商品が、アメリカやカナダなどでは菓子売り場でなく、生鮮食品（野菜）売り場でも販売されている（下）。

見学！日本の大企業 カルビー

● 「カルビープラス」店舗の展開

神戸ハーバーランドumie店
2014年12月オープン

新千歳空港店
2012年12月オープン

ファームダイニング（東京ソラマチ®内）
2015年4月オープン

博多阪急店
2014年7月オープン

幕張新都心店
2013年12月オープン

東京ソラマチ®店
2013年5月オープン

沖縄国際通り店
2012年8月オープン

原宿竹下通り店
2011年12月オープン

東京駅店
2012年4月オープン

ダイバーシティ東京プラザ店
2012年4月オープン

アンテナショップの可能性

アンテナショップとは、メーカーなどが自社の製品を紹介し、消費者の反応を直接見るために開く店のことです。カルビーでは「カルビープラス」と名づけた店を、2011（平成23）年以降、東京や神戸などこれまで10か所に開いています。その目的は「グローバルなカルビーファン創造のため」とされ、日本国内だけでなく世界の市場に向けた新しいカルビーの発信地にしようという意気ごみが見られます。カルビープラスの最大のつよみは店頭での宣伝力ですが、消費者と直接コミュニケーションをおこなうことで、次の事業展開に役立てようとするもくろみもあります。

積極的な店舗展開

「カルビープラス」以降もカルビーでは、スナック菓子などの商品を販売するだけでなく、新しい食のかたちを提案するような店舗を次つぎと開店しています。

「カルビーキッチン」は、東名高速道路下りの海老名サービスエリアに、2014（平成26）年7月に開店した店舗。ポテトチップスをつかったサンドイッチなど、ここでしか食べられないユニークな軽食メニューを提供して、家族づれなどに人気です。

2015（平成27）年4月には、東京スカイツリー下に建つ商業施設「東京ソラマチ®」のなかに、「カルビープラス　ファームダイニング」が開店しました。ここは、カルビー初のダイニングレストランで、国産の野菜を中心に、素材のおいしさをまるごと活かしたメニューを提供しています。

▲東名高速道路海老名サービスエリアの「カルビーキッチン」で提供する「ポテトチップスサンド」。

12 安全・安心・おいしい・楽しいをとどける

安全・安心で、おいしく楽しい製品をとどけるカルビーでは、品質保証が最重要課題だ。いくつかの問題をへて、その方針はいっそうつよめられている。

品質保証の推進

消費者の口に入る商品を提供する食品会社にとって、安全性をたしかなものにすることは品質保証の基礎であり、会社経営の重要な課題です。カルビーでは品質保証を、次の3項目と定義しています。

(1) 消費者が期待する品質の製品を継続して提供する。
(2) 安全で安心しておいしく食べられるようにする。
(3) 消費者に信頼してもらえる一貫した活動をおこなう。

安全・安心についての消費者の期待にこたえ、製品の安全管理を徹底するために、カルビーは2000（平成12）年に品質保証室（現在は品質保証本部）をもうけ、原料から製造、店頭販売までの、品質にかかわるすべてについて、監督・管理するようにしました。また、1999（平成10）年以降、茨城県・下妻工場をかわきりに全国17か所の工場で品質管理の国際標準規格を満たしていると認められています。さらに、従業員一人ひとりも製品の安全・安心を実践できるように、学習をつづけています。

安全・安心にいっそう取りくむ

カルビーでは創業以来、品質保証のためにさまざまな活動をおこなってきましたが、21世紀をむかえようとするときに、品質管理の重要性をあらためて再認識するきっかけがありました。

2000（平成12）年8月、東京都内で販売した「カルビーポテトチップス」のふくろから異物が見つかりました。調査の結果、1か月前に製造された約6万袋のなかのひとつであることがわか

▼「持ちこまない」「落とさない」「混入させない」ための取りくみの例。全身に粘着ローラーをかける（左）、エアーシャワーで付着物を取りのぞく（右）。

◀ じゃがいもの芽や傷をていねいに取りのぞいて、次の工程へ送るようす。

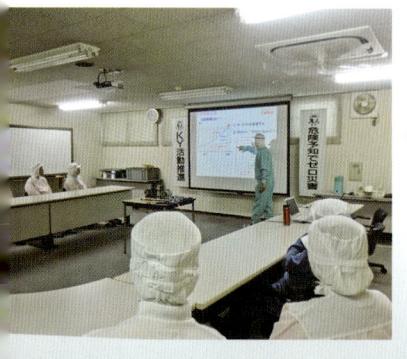

◀ 2013（平成25）年からは、各工場で月に1日休機日をもうけて、機械を停止して点検と清掃をおこなっている。また従業員はその日に、安全のための研修をおこなう。

りました。すぐに工場は停止され、徹底的な調査がおこなわれました。同時期にほかの工場を調査すると、異物がまじる危険性がある箇所が発見されました。このような事故がおきたことで、カルビーでは、品質保証室をもうけ、安全性を第一とする方針への転換につながりました。それ以来、「持ちこまない」「落とさない」「混入させない」の3原則を基本に、髪の毛や異物などの混入防止策を強化し、原料・設備・部品を徹底的に洗浄するなどの対策をおこなっています。

現在では、異物混入などの事故がおきたときには、問題の商品をすぐに回収してそれ以上の被害を出さない、できるかぎり情報を公開する、再発防止策をすみやかに実行する、などのルールを誠実に守ることで、スナック菓子業界のトップメーカーとして信頼をえています。

じゃがいも丸ごと！プロフィール

カルビーでは、お客様に安心してカルビーの商品を選んでもらえるように、2007（平成19）年からカルビーのホームページ上に「じゃがいも丸ごと！プロフィール」を公開しています。「カルビーポテトチップス」全品について、製品パッケージ上の製造年月日や製造所などのデータをコンピューターに記入すると、生産者情報、産地情報、工場情報、品種紹介の4つの項目の情報をえることができ、ポテトチップスの由来を知ることができるようになっています。

▲商品パッケージの表示、表（左）とうら面（右）。

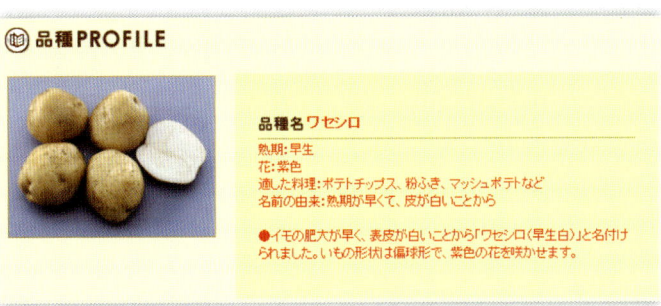

▲「じゃがいも丸ごと！プロフィール」から、生産者情報（上）と品種紹介（下）の例。

生産者情報では、北海道だけでも330名以上、さらに青森県から鹿児島県までの約100名とあわせて430名ほどのじゃがいも生産者が、一人ひとり写真と映像でみずからのじゃがいも畑を紹介し、じゃがいもづくりにかける思いを語っています。産地情報では、1道14県、57にわたる市町ごとのじゃがいも産地の情報を見ることができます。さらに全国9か所のポテトチップス製造工場と、19種類のじゃがいもの品種についてもくわしく知ることができます。カルビーがじゃがいもを知りつくした企業として、安心でおいしい製品づくりを進めていることがよくわかります。

13 社会とともに歩む企業として

自然の恵みによって事業をおこなうカルビーは、
社会に貢献することが会社の使命ととらえている。
環境保護をはじめとした複雑な問題への取りくみで実績をあげ、
社会とともに歩む企業としての姿勢を示している。

カルビーのCSR

カルビーの企業理念（→p4）には、「自然の恵み」（原材料）を利用して、「おいしさを創造」（製造）し、「人々のくらしに貢献」（販売）するという、企業活動のすべてがふくまれています。これをもとに現在カルビーは、利益を優先するだけでなく、ステークホルダー[*1]をはじめ、地域社会・国・環境・資源などに対し、企業の社会的な責任（CSR[*2]）をはたしていこうとしています。とくに、二酸化炭素（CO_2）の増加や、水質汚染、省エネルギー・省資源、また廃棄物処理の問題など、複雑でむずかしい問題をかかえる現代にあって、環境活動を中心とした地域社会への貢献を第一の行動目標とし、顧客の理解をえながら事業を継続しています。

カルビーグループのいま

原料の調達から販売、そして消費者とのコミュニケーションによるアフターサービスまでの各段階で、カルビーはグループとしてさまざまな取りくみをおこなっています。また省資源、CO_2の削減でも成果をあげています。

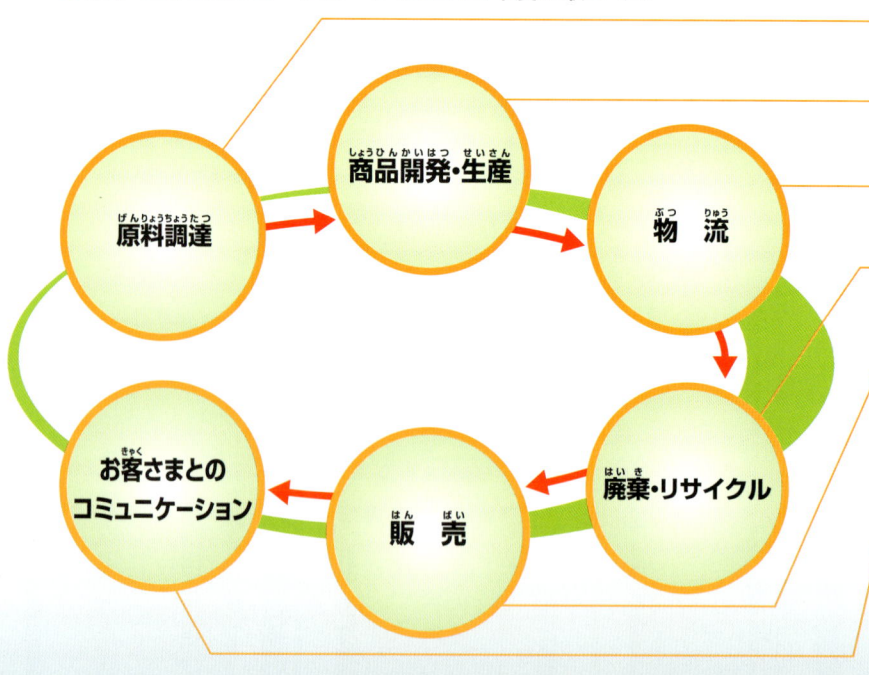

[*1] 顧客、取引先、従業員とその家族、コミュニティ、株主など、その企業に対して利害関係にあるすべての人。
[*2] 英語の Corporate Social Responsibility の頭文字。

●数字で見るカルビーグループの2013年度の取りくみ

原料調達 → 商品開発・生産 → 物流 → 廃棄・リサイクル → 販売 → お客さまとのコミュニケーション

- **原料調達** じゃがいもの調達量：約32.6t
- **商品開発・生産** 生産量：約18億袋
- **物流** 共同配送によるCO_2削減量：708t
- **廃棄・リサイクル** 再資源化率：97.7％
- **販売** スナック菓子シェア（日本）：53.4％*
  *出典：インテージ SRI スナック市場
- **お客さまとのコミュニケーション** 相談・指摘件数：3万9605件
  ※ 相談や指摘をよせた消費者へのアンケートで、これまで同様に製品を購入する、いままで以上に購入すると答えた人は、9割をこえた。

見学！日本の大企業　カルビー

カルビーの社会貢献活動

カルビーグループでは、それぞれの事業所に社会貢献委員会が組織されており、地域に密着して行動することを方針に、従業員たちがみずから考え、活動しています。現在も、「子育て支援」「地域への支援」「環境の保護」を社会貢献活動の3つの柱として、以下のようなさまざまな取りくみをおこなっています。

子育て支援
地域への支援
環境の保護

● カルビーフードコミュニケーション

カルビーフードコミュニケーションでは、身近な菓子をつうじて、人びとのすこやかな暮らしと楽しい食生活に貢献するために役立つ情報を提供し、体験活動を実施している。とくに食育*1への貢献をめざしておこなう活動のひとつが、カルビー・スナックスクールなどの出張授業。おもにポテトチップスを授業のテーマにするスナックスクールでは、従業員が講師となり、菓子をつかった実験やゲームをしたり、ビデオを見たり、パッケージ表示を学んだりする。出張授業は、1年間で782校、6万3000人以上の児童や保護者が参加した。

*1 食材・食習慣・栄養など、食についての教育。

▼カルビー・スナックスクールの授業風景。

● みちのく未来基金

東日本大震災*2で親をうしなった子どもたちの、高校卒業後の進学を支援するため、カルビーはほかの企業2社と協力して、2011（平成23）年10月に「みちのく未来基金」を設立した。震災のときに0歳だった子どもが社会人になるまでの支援を見こして、約25年間の活動をつづけることを目標にしている。必要とされる40億円のうち、すでに企業・団体、個人から約19億円の寄付を集めた（2015年3月末時点）。支援を受ける奨学生の数は、2012（平成24）年度が94名、翌年が122名、2014（平成26）年度は105名が選出され、大学や専門学校などへ進学した。また、みちのく未来基金事務局では、奨学生同士が交流を深めて助けあえるように、さまざまなイベントをもよおしている。2014年3月には第3回目の「奨学生の集い」がおこなわれ、1期や2期の奨学生がみずからサポートする側として参加するなど、奨学生の輪が確実に広がっている。

*2 2011（平成23）年3月11日に発生した東北地方太平洋沖地震と、それにともなって発生した津波などによって引きおこされた、大規模地震災害。福島第一原子力発電所が津波によって破壊された。

● 森林保全活動

「あいち海上の森センター」は、2005（平成17）年に愛知県を会場として開催された「愛・地球博」*3の会場になった森の周辺で、市民や企業と協力して森林活動をおこなっている組織。カルビーの中日本事業本部は2012（平成24）年から、森林活動のプロジェクトにくわわっている。毎年数回、従業員と家族が森林保全活動に参加し、下草刈とヒノキの間伐作業など、森づくりにつながる作業にあせをながしている。

*3 日本における、21世紀初の万国博覧会の愛称。

▼森林保全活動のようす。

31

ダイバーシティの推進

カルビーにとって、ダイバーシティ*推進は経営の重要な戦略のひとつであり、この分野でも日本一の企業となることをめざしています。そのため、性別だけでなく、国籍、年齢、障がいをもつかどうかなどのちがいをこえた、多様性のある人材を大切にしています。その実現の第一歩として取りくんでいるのが、女性の活躍推進です。2010（平成22）年度に発足したダイバーシティ委員会を中心に、現在、各地でのさまざまな活動をつうじて、全従業員がダイバーシティを理解し、その重要性に気づき、みずから実践できる環境づくりにつとめています。

*英語の"Diversity"とは、「多様性」ということ。性別をはじめとした個人のちがいを尊重し、それぞれの長所をのばして組織の力にしようという意味あいがある。

カルビーダイバーシティ宣言
掘りだそう、多様性。育てよう、私とCalbee。
互いの価値観を認めあい、最大限に活かしあう。
多様性こそCalbee成長のチカラ。
「ライフ」も「ワーク」もやめられない、とまらない。

Calbee DIVERSITY

▲カルビーダイバーシティ宣言（上）と、ダイバーシティのマーク（下）。マークは、どんな小さな場面でも、だれでもみずから「ハイッ！」と手をあげられるようになれば多様性は加速する、という思いがこめられているという。

▼2013（平成25）年度カルビーグループダイバーシティ委員会メンバー。

●女性管理職の割合

女性の活躍推進のひとつの成果が、部長職、課長職など、女性管理職の割合がふえていること。2010（平成22）年から5年間で割合は3倍以上になった。2020年には、管理職の30％を女性がしめることが目標だという。この目標を達成するには、結婚・出産・子育てなどを経験した女性従業員が、すみやかに職場に復帰できるようにするための環境づくりもかかせない。さまざまな面で、女性従業員がはたらきやすい職場環境を整備することを進めている。

●女性管理職の割合のうつりかわり

	2010年4月	2011年4月	2012年4月	2013年4月	2014年4月	2015年4月	2020年
女性管理職数	11名	18名	25名	30名	38名	56名	
女性管理職比率	5.9％	7.9％	10.2％	12.1％	14.3％	19.8％	30％（目標）

●海外武者修行チャレンジ

2013（平成25）年度からの新しい取りくみとして、次の世代のリーダーの育成を目的とした、「海外武者修行チャレンジ」をはじめた。性別を問わないチャレンジだが、最初の年度は女性従業員2名がこれに応募し、海外で約1年間の経験を積んだ。これまでの知識や経験がつうじない環境のなかで努力したさまざまな経験により、リーダー候補として成長する機会となった。

NADESHIKO BRAND 2015

▲カルビーは、経済産業省が女性活躍を推進するすぐれた企業を選定する、「なでしこ銘柄」に2年連続で選ばれた。

見学！日本の大企業 カルビー 資料編

資料編①

カルビーの実績といま

カルビーの実績を見ると、成長企業でもさまざまなうきしずみがあったことがわかります。現在の売上構成とあわせることで、カルビーの今後の方向性が見えてきます。

■売上のうつりかわり

1949（昭和24）年の創業以来、一地方企業からひとつの分野で日本を代表する大企業へと成長するなかで、カルビーの売上と利益はばは、いくつかの段階をへてうつりかわってきました。それぞれの段階の切りかわりの時期には、その後ロングセラーとなる商品が発売されて急速に売上をのばしたり、経済状況の変化にもまれたりするなど、さまざまな要因がありました。とくに、1989～1999（平成元～11）年までの約10年あまりは、日本全体の経済が苦しい状況にありました。そんななかでも、魅力的な新商品を開発するなど、着実な経営を進めた結果、1999（平成11）年には売上1000億円を突破し、その後の好調な業績につなげています。

2014（平成26）年度には売上1999億円を記録し、5年連続で過去最高の売上・利益を更新しました。ライバル会社とはげしくきそいあいながらも、カルビーはさらに大きな目標をめざしています。同時にそれは、社会的な責任が大きくなることを意味し、食の安全や、異物混入などが問題となるなか、つよいリーダーシップで、食品業界全体をけん引していくことがもとめられています。

●創業以来の売上と利益高のうつりかわり

- 1949年 広島県で創業
- 1955年 かっぱあられ発売
- 1964年 かっぱえびせん発売
- 1972年 初のじゃがいも原料スナック、サッポロポテト発売
- 1975年 ポテトチップス発売
- 1988年 シリアル食品発売
- 1991年 フルーツグラノーラ発売
- 1995年 じゃがりこ発売
- 2006年 Jagabee発売
- 2008年 グループ連結決算開始

＊経常利益とは、通常の営業活動や財務活動をおこなったときに手もとにのこる利益のこと。

■現在の売上構成

2013（平成25）年度の商品の売上構成を見ると、ポテトチップスなどじゃがいも原料の商品が6割近くをしめていることがわかります。今後は、人びとの食品への健康志向がさらに高まるのにともなって、「ベジップス」などの野菜原料のスナックや、シリアル食品の売上がさらにのびていくことが見こまれます。

●カルビーの売上構成比（2013年度）

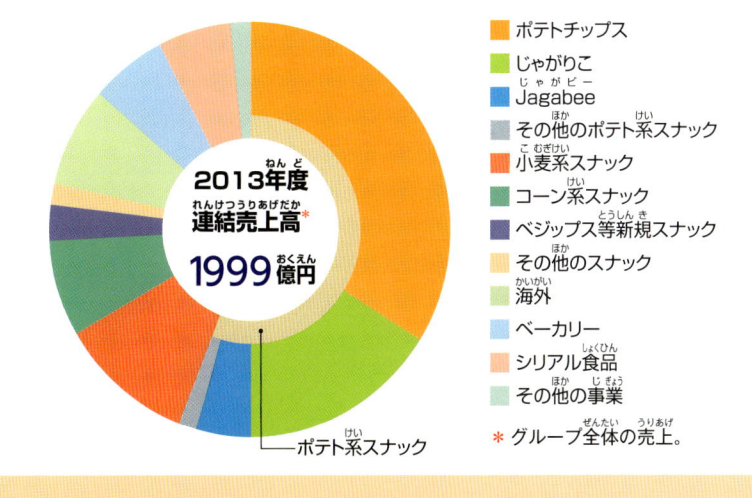

2013年度 連結売上高＊ 1999億円

- ポテトチップス
- じゃがりこ
- Jagabee
- その他のポテト系スナック
- 小麦系スナック
- コーン系スナック
- ベジップス等新規スナック
- その他のスナック
- 海外
- ベーカリー
- シリアル食品
- その他の事業

＊グループ全体の売上。

資料編❷

カルビー商品の歴史

スナック菓子のトップメーカー、カルビーが生みだしてきた、おいしさと楽しさにあふれた商品を中心に、歴史を見ていきましょう。

1949(昭和24)年4月
広島の松尾糧食工業所が松尾糧食工業株式会社へと組織変更し、カルビーが実質的に設立された。 
▶「カルビーキャラメル」が人気商品となった。

1955(昭和30)年
小麦粉からあられをつくることに成功し、「かっぱあられ」と名づけて発売。
社名をカルビー製菓株式会社に変更する。 
▶「かっぱあられ」には、シンボルキャラクターとして、清水崑画伯のかっぱが採用された。

1964(昭和39)年
「かっぱあられ」に生エビをきざんでねりこんだ、「かっぱえびせん」を発売。 
▶発売当時の「かっぱえびせん」。パッケージには「瀬戸内の味」と書かれていた。

1967(昭和42)年
「かっぱえびせん」をニューヨークの国際菓子博覧会に出展し、好評をえた。

1970(昭和45)年
カルビーアメリカ社を設立。

1971(昭和46)年
「仮面ライダースナック」を発売し、大ヒット。
▶「仮面ライダースナック」は、仮面ライダーカードとともに子どもたちに大ブームになった。
©石森プロ・東映

1972(昭和47)年
スナック「サッポロポテト」を発売。 
▶「サッポロポテト」は、生のじゃがいもを原料にしたスナック。

1973(昭和48)年
本社を東京に移転し、社名をカルビー株式会社に変更。
スナック菓子で最初に、パッケージに製造年月日を印字する。
「プロ野球スナック(カードつき)」を発売。 
▶「仮面ライダースナック」と同様、おまけのカードも子どもたちのあいだでブームとなる。

1974(昭和49)年
北海道事業本部を設立。北海道内3か所にじゃがいも貯蔵倉庫を建設。
「サッポロポテト バーベQあじ」を発売。

1975(昭和50)年
「カルビーポテトチップス うすしお味」を発売。翌1976(昭和51)年、藤谷美和子さん出演のテレビコマーシャルを放送。
▶数年間の研究・開発ののちに発売した「カルビーポテトチップス」は、テレビコマーシャルとともに大ヒット。 

1978(昭和53)年
「チーズビット」を発売。

1980(昭和55)年
タイにカルビータナワット社を設立し、現地生産・販売体制をはじめる。
原料部門が独立し、カルビーポテト株式会社が誕生。

1981(昭和56)年
さつまいもを原料にした「おさつスナック」を発売。

1983(昭和58)年
ポテトチップス「ルイジアナ」で、はじめてアルミはくをつかったフィルムを使用。

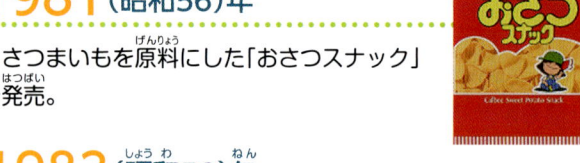

見学！日本の大企業 **カルビー** 資料編

1984(昭和59)年
世界初のじゃがいも運搬船、「カルビーポテト丸」が就航。
緑黄色野菜スナックとして「グリーンスナック」(現在の「ベジたべる」)を発売。

▶「グリーンスナック」は、カルビーではじめて、穀類以外を原料としたスナック。

1988(昭和63)年
中部地区でシリアル食品を発売。翌年、全国発売。

▶テスト販売されたシリアル。「グラノーラ」(左)と「コーンフレーク」(右)。

1989(平成元)年
「ア・ラ・ポテト」を発売。
「焼きもろこし」を発売。

▶「ア・ラ・ポテト」(左)は、秋に収穫される北海道産の新じゃがを原料とした、季節限定のあつ切りポテトチップス。「焼きもろこし」は、とうもろこしを粉砕したものを主原料に、カルビーがはじめて加圧おし出し成型機をつかった商品。

1991(平成3)年
「フルーツグラノーラ」(フルグラ)を発売。

1993(平成5)年
「堅あげポテト」を発売。
「さやえんどう」を発売。
「夏ポテト」を発売。

▲発売当初の「堅あげポテト」(左)と「さやえんどう」(中央)。「夏ポテト」(右)はその年の夏に北海道以外の産地でとれる新じゃがだけでつくられるポテトチップス。現在も定番の人気商品となっている。

1994(平成6)年
香港にカルビーフォーシーズ有限公司を設立。

1995(平成7)年
中国に青島カルビー食品有限公司を設立。
「じゃがりこ」発売。

▶最初に発売された「じゃがりこ サラダ」(左)と、「じゃがりこチーズ」(右)。現在は、地域限定のものも多く、全部で14種類の味がある。

1998(平成10)年
「ギザギザポテト うすしお味」(左)と「ギザギザポテト チキンコンソメ」(右)を発売。

▶「ギザギザポテト」シリーズは、ざっくりとギザギザにあつ切りしたポテトチップス。

2001(平成13)年
「さつまりこ」を発売。

▶ホクホクあまい石焼きイモのおいしさを「じゃがりこ」独自の製法で再現したもの。

2003(平成15)年
「じゃがポックル」を発売。

▶じゃがいもを皮つきのままカットし、あげたもの。北海道限定のおみやげ品。

2006(平成18)年
「Jagabee」を発売。

▶「Jagabee」は、2015(平成27)年現在、アジアを中心とした海外でも人気。

2010(平成22)年
「ベジップス」を発売。

▲「ベジップス」は、野菜本来のおいしさと食感が楽しめる、野菜スナック。「ベジップス 玉ねぎ かぼちゃ じゃがいも」(左)と、「ベジップス さつまいもとかぼちゃ」(右)。

2011(平成23)年
ヘテ・カルビー(韓国)を設立。
東日本大震災復興支援の「みちのく未来基金」が設立された。
カルビーアンテナショップ「カルビープラス」がオープン。

2014(平成26)年
カルビーUK(イギリス)、カルビーURC(フィリピン)を設立。
「なでしこ銘柄2014」(→p32)に選定。

35

資料編❸

ポテトチップスができるまで

1978（昭和53）年に生産をはじめてから40年近くたつカルビーの千歳工場で、「カルビーポテトチップス」がつくられるようすを見てみましょう。

■「カルビーポテトチップス」製造のながれ

1 じゃがいもの入荷

「カルビーポテトチップス」のじゃがいもは、北海道をはじめ、全国に約2000軒あるカルビーの契約農家が栽培した、最高品質のものをつかいます。そのため、じゃがいもは納品される段階でどこの生産者がつくったのかわかるようになっています。

▲契約農家から入荷したじゃがいもには、生産者を特定するためのラベルがつけられる。

2 洗浄・皮むき

まずおこなわれるのは、洗浄と皮むきです。じゃがいもはブラシで洗浄して、どろや異物を洗いおとします。きずをつけないようにていねいに洗ったあと、皮むき器に投入し、回転したやすりにおしつけて、皮をむきます。

◀ブラシで洗浄してから、皮むき器のなかで皮をむかれる。

▼カルビー千歳工場は、全国にあるほかの10か所の工場と同様に、新鮮な商品をとどけるため、消費地に近い立地にある。

3 トリミング

トリミングとは、形をととのえることです。皮をむいたじゃがいもから、いたんだ部分や芽などを取りのぞく作業です。外からは見えなくとも、なかがいたんでいる場合もあるので、人の目でていねいに確認し、ナイフで不良部分だけをのぞきます。

▲ナイフで1個1個、ていねいにいたんだ部分を取りのぞく。 　▲じゃがいもをわってみると、いたんだ部分があることがわかる。

4 スライス

スライスとは、うすく切ることです。つくる製品によって機械の刃を交換し、あつさを調節したり、ギザギザをつけたりします。パリッとしたポテトチップスの食感を生みだすための、重要な工程であり、ポテトチップス発売以降、消費者においしく感じてもらえる食感をめざして、いまも調査や開発がつづけられています。また、使用するじゃがいもにふくまれるデンプンの量によって食感がかわるので、スライスのあつさは、毎日微妙に調整します。

▶回転する機械のまわりに何か所か刃がつけられ、じゃがいもがスライスされて出てくる。

見学！日本の大企業 **カルビー 資料編**

5 フライ

フライとは、油であげることです。オートフライヤーで、約2分あげます。パリッとした食感をつねに再現するため、こまめに油の温度を調節します。

▲オートフライヤーであげられる。

6 ピッキング

ピッキングとは、選別することです。あげられたポテトチップスから、不良品を取りのぞきます。こげた色のものを機械で識別し、はじいていきます。こげたもののほかに、トリミングの段階で取りのぞききれなかった内部のいたみもはじきます。機械ではじききれなかったものは、その後、人の目でも選別します。

▲機械と人の目による検査で、不良品を取りのぞく。不良品や切りくずは、肥料や飼料にするなどして、99.9％リサイクルされる。

7 味つけ

味つけには、ポテトチップス特有のパウダーをふりかけ、タンブラーというドラムのような機械を回転させてまんべんなくいきわたるようにします。「カルビーポテトチップス」の塩分量は1％程度と、健康的な味つけになっています。消費者があきないよう、つねに新しい味が開発されています。

▲回転するタンブラーのなかで、味がつけられる。

8 包装・箱づめ・出荷

味つけが終わると、自動計量機で重さがはかられ、包装機でポテトチップスがつめられていきます。パッケージのうら面には、「じゃがいも丸ごと！プロフィール」（→p29）のお知らせがのっています。じゃがいもの洗浄から箱づめまで、約20分でおこないます。完成してもすぐに出荷せず、工場で1日保管してから、各地へ出荷されます。

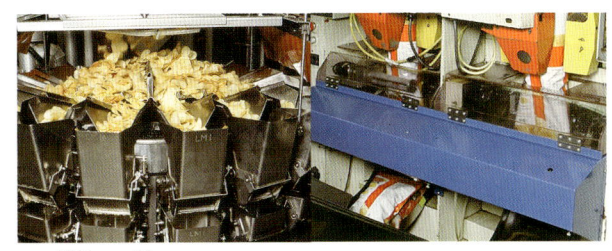

▲1袋分ずつ重さをはかり、パッケージにつめていく。

▲パッケージには、「じゃがいも丸ごと！プロフィール」の情報がのせられている。

▲出荷する前に、工場に1日保管される。

さくいん

ア
ア・ラ・ポテト･････････････････････････････ 35
アンテナショップ ････････････････････ 26, 27, 35
異物混入････････････････････････････････ 29, 33
エビ ･･････････････････････････ 10, 11, 12, 19, 34
おさつスナック ･････････････････････････････ 34

カ
海外武者修行チャレンジ ････････････････････ 32
柿ようかん ･･････････････････････････････････ 6
堅あげポテト ･････････････････････････････ 20, 35
かっぱ ･････････････････････････････････ 8, 9, 10
かっぱあられ ･･････････････････････ 7, 8, 9, 10, 34
かっぱえびせん ････････････ 4, 5, 7, 10, 11, 12, 13,
　　　　　　　　　　　　14, 15, 18, 19, 23, 26, 34
仮面ライダーカード ････････････････････････ 13
仮面ライダースナック ･････････････････････ 13, 34
カルシウム ･････････････････････････････････ 5, 10
カルビーアメリカ社 ････････････････････････ 5, 34
（カルビー）キャラメル ････････････････････････ 7, 8
カルビー・スナックスクール ････････････････････ 31
カルビー製菓株式会社 ････････････････････････ 8, 34
カルビータナワット社 ････････････････････････ 5, 34
カルビーフードコミュニケーション ･･････････････ 31
カルビーフォーシーズ有限公司 ･･････････････････ 35
カルビープラス ･･･････････････････････････ 27, 35
カルビーポテト株式会社 ･･････････････････ 16, 17, 34
カルビーポテトチップス ･･･････････ 14, 15, 16, 18,
　　　　　　　　　　　　　　28, 29, 34, 36, 37
カルビーポテト丸 ･････････････････････････ 16, 35

サ 側

ギザギザポテト ･････････････････････････････ 35
グラノーラ ･･････････････････････････ 18, 19, 22, 35
グリーンスナック ･･･････････････････････････ 35
健康食品････････････････････････････････ 6, 18, 19
コーンフレーク ･･･････････････････････ 18, 19, 22, 35
国際菓子博覧会 ･･････････････････････････ 5, 12, 34
小米 ･･ 6
米ぬか ･･････････････････････････････････････ 6, 7

サ
サッポロポテト ･･･････････････････････ 13, 16, 34
さつまりこ ･････････････････････････････････ 35
さやえんどう ･････････････････････････････････ 35
直火釜あげ製法 ･････････････････････････････ 20
自然の恵み ････････････････････････････････ 4, 30
清水崑 ･･･････････････････････････････････････ 9
じゃがいも ･･･････････････････････ 4, 12, 13, 16,
　　　　　　　　　　　　　17, 19, 20, 21, 22, 29,
　　　　　　　　　　　　　30, 33, 34, 35, 36, 37
じゃがいも丸ごと！プロフィール ････････････ 29, 37
じゃがスティック ････････････････････････ 22, 23
Jagabee ･････････････････････････････････ 21, 26, 35
じゃがポックル ･･････････････････････････ 21, 35
じゃがりこ ･････････････････････････ 4, 22, 23, 24, 35
シューストリングタイプ ･･････････････････ 14, 15
シリアル（食品）･･････････････ 18, 19, 20, 22, 33, 35
素あげ ･････････････････････････････････････ 21
スナック（菓子）････････････････ 4, 12, 13, 14, 15,
　　　　　　　　　　　　　18, 21, 22, 25, 26, 27,
　　　　　　　　　　　　　29, 30, 33, 34, 35

スライス ････････････････････････ 20, 36
成型タイプ ･･･････････････････････ 22
鮮度政策 ････････････････････････ 14, 25
ゾーンセールス ････････････････････ 25

タ

ダイバーシティ ･･････････････････････ 32
代用食品 ･････････････････････････ 7
食べだしたらキリンがない。････････････ 23
チーズビット ･･･････････････････････ 34
青島（カルビー食品有限公司）･･････ 25, 35
デンプン ･････････････････････････ 17, 36
ドライフルーツ ･････････････････････ 20
トリミング ････････････････････････ 36, 37

ナ

夏ポテト ･････････････････････････ 35

ハ

ひし形だんご ･･･････････････････････ 7
ビタミンC ･････････････････････････ 12
ビタミンB₁ ････････････････････････ 5, 6
ピッキング ････････････････････････ 37
一人・一研究 ･････････････････････ 6
フィールドマン ････････････････････ 17
藤谷美和子 ･･････････････････････ 15, 34
フライ ･･････････････････････････ 37
フライドポテト ････････････････････ 13, 22
フルーツグラノーラ（フルグラ）･･･････ 20, 35
プロ野球スナック ･････････････････ 34

ベジップス ･･･････････････････ 21, 33, 35
ヘテ・カルビー ･･････････････････････ 35
ポテト関連商品 ････････････････････ 12
ポテトチップス ･･････････････ 4, 12, 13, 14, 15,
　　　　　　　　　　　16, 17, 18, 19, 20, 26,
　　　　　　　　　　　29, 31, 33, 34, 36, 37

マ

松岡政一 ･････････････････････････ 7
松尾寿八郎 ･･･････････････････････ 6
（松尾）孝 ･････････････ 6, 7, 8, 9, 10, 12, 13, 14
（松尾）雅彦 ･････････････････････ 14, 24
松尾糧食（工業所）･･･････････ 4, 7, 8, 34
みちのく未来基金 ･････････････････ 31, 35
ミネラル ･････････････････････････ 5

ヤ

焼きもろこし ･･････････････････････ 35
やめられない、とまらない ････････････ 10, 23